Christian Immler

1981

Technik aus deinem Geburtsjahr

Du bist so alt wie der ...

PC

FRANZIS

Bildverzeichnis:

Cover 1, 3: Twin Design/Shutterstock; 6: Christian Immler; 7: Detlef Gräfingholt/Wikipedia; 9: Hans Weingartz/Wikimedia; 10: Deutsche Bundespost; 12: NASA/Wikipedia; 13: o. Ang./Wikipedia; 15: o. Ang./Wikipedia; 17: NASA/Wikipedia; 18: NASA/Wikipedia; 20: Andrew Butko/Wikipedia; 21: NASA/Wikipedia; 22, 23, 24, 25, 26: Christian Immler; 28: Rama & Musée Bolo/Wikipedia; 29: Bilby/Wikipedia; 30: Joho345/Wikipedia; 31: Gribeco/Wikipedia; 32: Deutsche Fotothek/Wikipedia; 34: Nintendo/Wikipedia; 35, 36, 37, 38, 40, 42, 43, 44: Christian Immler; 45: Adamjennison111/Wikipedia; 46: o. Ang./Wikipedia; 47: Joost J. Bakker/Wikipedia; 48: Seattle Municipal Archives/Wikipedia; 49: Dmitry Pichugin/Wikipedia; 50: Nils Siebert/Wikimedia; 51: dtavres/Pixabay; 55: Chistian Immler; 57: Ludwig Jürgen/Wikipedia; 60: Gahlbeck Friedrich/Wikipedia; 61: Samvado Gunnar Kossatz/Wikipedia; 62: Cutkiller2018/Wikimedia

Bibliografische Information der Deutschen Nationalbibliothek

Die Deutsche Nationalbibliothek verzeichnet diese Publikation in der Deutschen Nationalbibliografie; detaillierte bibliografische Daten sind im Internet über http://dnb.ddb.de abrufbar.

© 2021 Franzis Verlag GmbH, Richard-Reitzner-Allee 2, 85540 Haar bei München

Autor: Christian Immler
Konzept und Produktmanagement: Andreas Bäumler und Maria Siegmantel
Sprachlektorat: Sibylle Feldmann
Cover: Julia Harrer
Layout & Satz: Nelli Ferderer
ISBN: 978364560691-2

Ein Zeitreise in Ihr Geburtsjahr

Jedes Jahr bringt neue technische Erfindungen, Gadgets, Highlights
und Flops mit sich. Gerne erinnern wir uns zurück an die technischen
Spielzeuge aus unseren Kindertagen, aber auch an die bahnbrechenden
Entdeckungen und Produkteinführungen, die das Leben für immer
veränderten.

1981 war ein ganz besonderes Jahr. Autor Christian Immler nimmt
Sie mit auf eine Zeitreise in das Jahr, in dem die Raumsonde Voyager2
am Saturn vorbeiflogt, das Space Shuttle Columbia zum ersten Mal
in den Weltraum startete und die ersten Exemplare des Kultfahrzeugs
DeLorean vom Band liefen.

Liebes Geburtstagskind, ...

-- 1981 ∗ TECHNIK AUS DEINEM GEBURTSJAHR ∗ FRANZIS --

1981

FRANZIS ∗ 1981 ∗ TECHNIK AUS DEINEM GEBURTSJAHR ∗ 1981 ∗

1981

Inhaltsverzeichnis

Aufbruch, Umbruch und Aufruhr – der Zeitgeist von 1981

Das Jahr 1981 gilt als eines der wichtigsten Jahre der deutschen und auch der weltweiten **Friedensbewegung**, nachdem der Kalte Krieg durch den Amtsantritt des neuen US-Präsidenten Ronald Reagan im Januar international eskaliert war. In Deutschland gab es bei gegenseitigen Staatsbesuchen erste Annäherungen zwischen den beiden deutschen Staaten – möglicherweise weil man sich der potenziellen Gefahrenlage im geteilten Mitteleuropa, bedingt durch die amerikanischen Waffenpläne, bewusst wurde.

Der Kalte Krieg und die Friedensbewegung

Nach Aussage Reagans sollte die verstärkte Stationierung nuklearer Mittelstreckenraketen in Europa eine entscheidende Rolle zur Erreichung seines Ziels beitragen, den **Rüstungswettlauf** gegen den Warschauer Pakt zu gewinnen. Daraufhin kam es auf beiden Seiten des geteilten Deutschlands zu gut besuchten **Friedenskundgebungen**, die die in den Jahren davor langsam erstarkende Friedensbewegung gesellschaftsfähig machten. Der 19. Deutsche Evangelische Kirchentag in Hamburg, eine in den Jahren zuvor eher nur Insidern bekannte alle zwei Jahre stattfindende Veranstaltung, wurde mit über 100.000 Teilnehmern zu einem politischen Großereignis.

det. Bereits im Dezember fand die erste Demonstration gegen die geplante WAA statt. Die bayerische Staatsregierung wollte das Projekt WAA mit aller Gewalt durchsetzen und erklärte der Bevölkerung den Krieg, indem sie als erste Landesregierung die Polizei in großem Stil mit dem umstrittenen Reizgas CS ausstattete, das bei Demonstrationen in den folgenden Jahren über Wasserwerfer zum Kampf auch gegen friedliche Bürger, die zur falschen Zeit am falschen Ort waren, eingesetzt wurde.

Technische Errungenschaften

Trotz der politischen Ereignisse war 1981 kein Jahr des allgemeinen Technikhasses – ganz im Gegenteil: Für einige Technologien war es ein ausgesprochen bedeutsames Jahr. Mit dem Erstflug eines **Spaceshuttles** begann eine neue Ära der bemannten Raumfahrt. Der erste **IBM-PC** legte die Grundlagen für die bis heute wichtigste Computerplattform. Aktuelle Windows-PCs beruhen immer noch auf den damals eingeführten Standards – natürlich mit deutlichen Weiterentwicklungen und zu günstigeren Preisen. Besonders in Deutschland wurden Gebäude eingeweiht, die aktuell weiterhin wichtige Rollen spielen.

Jahr der Behinderten

Die Vereinten Nationen hatten das Jahr 1981 bereits im Jahr 1976 zum **Internationalen Jahr der Behinderten** erklärt. In der damaligen BRD stand es unter dem Jahresmotto „Einander verstehen – miteinander leben!". In der DDR hieß es das **Jahr der Geschädigten**. Heute gelten beide Bezeichnungen als abwertend. Man würde wohl vom „Jahr der Menschen mit Behinderung" sprechen.

Da die Eröffnungsveranstaltung in Deutschland am 24. Januar in der Dortmunder Westfalenhalle ohne organisatorische Beteiligung von Menschen mit Behinderung stattfand, kam es bereits dort zu öffentlichen Protestaktionen von Aktionsgruppen, die damals noch als „Krüppelbewegung" bezeichnet wurden. Weitere selbst organisierte Aktionen machten das Jahresmotto bekannter, als die offiziellen Veranstaltungen zum Thema es je getan hätten. Heute gilt 1981 als das „1968" der Behinderten- und Inklusionsbewegung.

UNESCO-Welterbe

1981 wurden das Great Barrier Reef, der Serengeti-Nationalpark, der Dom zu Speyer und die Würzburger Residenz neu in die Liste des UNESCO-Welterbes aufgenommen. Davor stand in Deutschland nur der Aachener Dom seit 1978 auf dieser weltweit wertvollsten Liste der Kulturdenkmäler.

Chronik des Jahres

1. Januar 1981 Der ECU (*European Currency Unit*) wird als Verrechnungseinheit in der Europäischen Gemeinschaft eingeführt und legt den Grundstein für die Euro-Währung.

1. Januar 1981 In Deutschland ersetzt die Prozesskostenhilfe bei Zivilprozessen das bisherige Armenrecht. Aus dieser Zeit stammt auch der Begriff Armutszeugnis für die Bescheinigung, mit der man seine Bedürftigkeit nachweisen musste.

1. Januar 1981 Die EG, Vorgänger der EU, nimmt Griechenland als 10. Vollmitglied auf.

15. Januar 1981 SED-Chef Erich Honecker thematisiert in einer Rede völlig unerwartet die mögliche Vereinigung beider deutscher Staaten.

24. Januar 1981 Ronald Reagan wird Präsident der USA. Sein Ziel ist es, den Rüstungswettlauf im Kalten Krieg gegen den Warschauer Pakt zu gewinnen.

27. Januar 1981 Nördlich der Insel Java sinkt das Fährschiff Tamponas 2. 512 Menschen verlieren dabei ihr Leben.

28. Februar 1981 Die bis dahin größte Demonstration gegen Atomkraft in der Bundesrepublik Deutschland findet in Brokdorf statt.

15. März 1981 Der Weserdurchbruch in Bremen verursacht noch an den folgenden Tagen große Schäden und führt zu einer nachhaltigen Umgestaltung des Stadtbilds.

17. und 19. März 1981 Zwei Ausbrüche des Vulkans Ätna auf Sizilien, während des zweiten Ausbruchs fließt ein Lavastrom aus 1.300 m Höhe herab und kommt erst kurz vor dem Ort Randazzo zum Stehen.

24. März 1981 Nach einem Urteil des Bundesverfassungsgerichts bekommt die Mutter eines nicht ehelich geborenen Kindes das alleinige Sorgerecht.

2. April 1981 Österreich wird erstes assoziiertes Mitglied der Europäischen Weltraumorganisation (ESA).

2. April 1981 Der Kultfilm „Christiane F. – Wir Kinder vom Bahnhof Zoo" kommt in die Kinos und gewinnt im gleichen Jahr die „Goldene Leinwand".

12. April 1981 Erster Start eines Spaceshuttles der NASA.

16. April 1981 Europas erstes Solarkraftwerk geht in Adrano (Sizilien) in Betrieb.

16. April 1981 Bei Lefkanti auf der griechischen Insel Euböa wird bei archäologischen Ausgrabungen der wahrscheinlich älteste Tempel der Antike entdeckt.

30. April 1981 In Kassel eröffnet die Bundesgartenschau. Die Ausstellungsflächen Parkaue und Fuldaaue bilden bis heute einen der größten innerstädtischen Parks in Deutschland.

15. Mai 1981 Erster Spatenstich für die Windkraftanlage Growian zur Erprobung dieser neuen Technologie im Kaiser-Wilhelm-Koog. Ein Flügel dieser Anlage steht heute als weithin sichtbares Zeichen senkrecht auf einem der Hallendächer des ebenfalls 1981 gegründeten Technik-Museums Sinsheim.

19. Mai 1981 Der erste Datenschutzskandal. Der Bundesgerichtshof in Karlsruhe entscheidet, dass ein Betroffener kein Recht auf Auskunft über den Empfänger seiner Daten hat.

23. Mai 1981 In Bonn eröffnet das erste Frauenmuseum der Welt.

9. Juni 1981 Der Ort Wethen in Nordhessen an der Grenze zu Nordrhein-Westfalen wird als Standort für die geplante Wiederaufbereitungsanlage für nukleare Brennstoffe vorgeschlagen. Nach heftigen Protesten der Bevölkerung wird der Plan geändert.

1981

Neuer Standort soll das bayerische Wackersdorf werden.

17. bis 21. Juni 1981 Deutscher Evangelischer Kirchentag in Hamburg mit zahlreichen politischen Aktivitäten.

18. Juni 1981 Abschaffung der Todesstrafe in der Europäischen Gemeinschaft.

19. Juni 1981 Demonstration der Landwirte gegen die geplante Wiederaufbereitungsanlage für nukleare Brennstoffe in Wethen.

21. Juni 1981 Große Friedensdemonstration in Hamburg mit 100.000 Teilnehmern gegen das atomare Wettrüsten in West und Ost.

7. Juli 1981 Der Europäische Gerichtshof (EuGH) entscheidet, dass Zoll- und steuerfreie Einkäufe auf Schiffen in Nord- und Ostsee mit europäischem Recht unvereinbar sind. Das tatsächliche Ende der sogenannten „Butterfahrten" kam aber erst im Jahr 1999.

14. Juli 1981 Die bayerische Polizei setzt als erste Landespolizei das umstrittene CS-Gas im Kampf gegen die Zivilbevölkerung ein.

15. Juli 1981 Das Eurobarometer, eine groß angelegte Umfrage der EG-Kommission, kommt zu dem Ergebnis, dass die Zustimmung der deutschen Bevölkerung zur Gesetzgebung der EG und der Gemeinschaft insgesamt mittlerweile auf 49 % gefallen ist.

20. Juli 1981 G7-Gipfel in Ottawa, Kanada.

29. Juli 1981 In London heiratet Kronprinz Charles die 19-jährige Lady Diana Spencer.

6. August 1981 US-Präsident Ronald Reagan verkündet seinen Beschluss zum Bau der Neutronenbombe, einer Massenvernichtungswaffe, die alles Leben in der betroffenen Region auslöscht.

Gebäude und technische Infrastruktur sollen erhalten bleiben. Die Neutronenbomben werden erst Ende der 1990er-Jahre unter der Regierung von Bill Clinton wieder demontiert.

13. August 1981 In einer Rede zum 20. Jahrestag des Mauerbaus kritisiert auch DDR-Staats- und Parteichef Erich Honecker öffentlich die Entscheidung Ronald Reagans zum Bau der Neutronenbombe.

25. August 1981 In Sinsheim eröffnet das Auto- und Technikmuseum.

26. August 1981 Erstmals durchbricht ein Pkw die Berliner Mauer.

26. August 1981 Erich Honecker spricht sich, trotz der international schwierigen Situation, in einem Schreiben an die Bundesregierung für einen konstruktiven Dialog zwischen den beiden deutschen Staaten aus.

17. September 1981 Premiere des bis dahin teuersten deutschen Kinofilms: „Das Boot".

19. September 1981 Im New Yorker Central Park findet vor 500.000 Zuschauern das geschichtsträchtige Konzert mit Simon und Garfunkel statt.

21. September 1981 Die ehemalige Kronkolonie Britisch Honduras wird zum unabhängigen Staat Belize.

22. September 1981 Der erste TGV (*Train à Grande Vitesse*) fährt in Frankreich und läutet das Hochgeschwindigkeitszeitalter der europäischen Bahnen ein.

6. Oktober 1981 Baubeginn der Startbahn West am Frankfurter Flughafen unter starkem Polizeischutz gegen den Widerstand der Bevölkerung.

7. Oktober 1981 Die Bürgerinitiative Schwandorf gegen die geplante Wiederaufbereitungsanlage für abgebrannte Brennstäbe aus Kernreaktoren wird gegründet.

10. Oktober 1981 Friedensdemonstration im Bonner Hofgarten, mit 300.000 Teilnehmern die bis dahin größte Friedensdemonstration in Deutschland.

2. November 1981 Greenpeace befreit zwei Belugawale aus einem Gehege an der US-amerikanischen Pazifikküste, die dort für militärische Zwecke eingesetzt wurden.

30. November 1981 In Genf beginnen die Abrüstungsverhandlungen zwischen den USA und der UdSSR.

1. Dezember 1981 Die Deutsche Gesellschaft für Wiederaufarbeitung von Kernbrennstoffen bezieht ihr erstes Büro in den Räumen der ehemaligen Bayerischen Braunkohlen Industrie AG in Wackersdorf, was als offizieller Start des Projekts WAA gewertet wird.

1. Dezember 1981 Erste Erwähnung der Immunschwächekrankheit Aids.

12. Dezember 1981 Bundeskanzler Helmut Schmidt reist zum ersten Mal in seiner Amtszeit in die DDR.

31. Dezember 1981 Die letzte Volkszählung zählt 16.705.635 DDR-Bürger.

Spaceshuttle und die bemannte Raumfahrt

Die bemannte Raumfahrt der NASA war Ende der 1970er-Jahre nach der letzten Apollo-Mission völlig zum Erliegen gekommen. Seit dem Jahr 1976 hatte kein amerikanischer Astronaut mehr die Erde verlassen.

Seit Anbeginn der bemannten Raumfahrt wurden die Raumschiffe von großen Raketen ins All gebracht, die bis auf eine kleine Landekapsel komplett als Weltraumschrott im All verblieben oder in der Atmosphäre verglühten.

Mit dem ersten Start eines Spaceshuttles sollte sich das ändern. Die neuen wiederverwendbaren Raumfähren starteten mit zusätzlichen Feststoffraketen senkrecht von einer Startrampe und landeten nach Abschluss der Mission wie ein Flugzeug.

Das Spaceshuttle **Columbia** startete am **12. April 1981** zur ersten Mission **STS-1**, deren Hauptaufgabe es war, die Flugsysteme des Shuttles zu testen, da wegen der Größe und der technischen Komplexität anders als bei früheren Raumfahrtprogrammen kein unbenannter Testflug möglich war. **John Young**, der davor schon viermal im All unterwegs gewesen war, und **Robert Crippen** umkreisten in 251 km Bahnhöhe 37-mal die Erde, bevor sie am 14. April 1981 nach zwei Tagen das Shuttle auf der Edwards Air Base landeten.

Ursprünglich sollte die STS-1-Mission schon am 17. März 1981 starten. Beim Betanken des riesigen Außentanks, der dem Raumtransporter beim Start seine charakteristische Form gab, verformte sich der Tank zwar nur um wenige Millimeter, was aber dazu führte, dass große Teile seiner Schaumstoffisolierung abplatzten. Sie mussten direkt vor Ort an der Startrampe wieder befestigt werden, was zu der Verzögerung des Starts führte, der daraufhin an einem historischen Datum stattfand. Auf den Tag genau 20 Jahre zuvor hatte die damalige Sowjetunion das erste bemannte Raumschiff Wostok 1 mit Juri Gagarin gestartet.

Am 12. November 1981, genau sieben Monate nach STS-1, startete
die Columbia zu ihrer zweiten Mission, **STS-2**, dem ersten Start eines
wiederverwendeten Raumschiffs, das bereits einmal in der Erdumlaufbahn gewesen war. Die Astronauten **Joe Engle** und **Richard Truly**
waren beide Weltraumneulinge, hatten aber bereits den Shuttle-Proto-
typ **Enterprise** bei Testflügen in der Atmosphäre geflogen und verfügten

Schweine im Weltall

Die Astronauten der STS-2-Mission wurden mit kurzen Episoden
aus der Sketch-Serie **Schweine im Weltall** der Muppet-Show
geweckt.

damit über mehr Erfahrung mit diesem Raumschifftyp als die STS-1-Crew. Danach änderte die NASA ihr Vorgehen und ließ bei jedem Flug mindestens ein Crewmitglied mit Weltraumerfahrung mitfliegen.

Ursprünglich sollte STS-2 am 4. November 1981 starten. Wegen technischer Probleme wurde der Countdown 31 Sekunden vor dem geplanten Start angehalten. Wegen des Wetters war ein späterer Start am selben Tag nicht mehr möglich. Die Wartungscrew nutzte die folgenden Tage für den Austausch von Filtern. Dank der Verzögerung konnte Pilot Richard Truly, der 1989 zum 8. Administrator der NASA ernannt wurde, am Starttag seinen 44. Geburtstag feiern.

Da am ersten Flugtag eine der drei Brennstoffzellen, die zur Stromerzeugung und Wasseraufbereitung verwendet wurden, ausfiel, beschloss man, die Mission um zwei Tage zu verkürzen. Bereits am 14. November 1981 landete die Columbia auf der Edwards Air Base. STS-2 war die einzige Mission der Shuttle-Ära, bei der einer der Astronauten das Shuttle beim Wiedereintritt in die Atmosphäre mit Hand steuerte. Dies war ein geplanter Test für den Fall außergewöhnlicher Vorkommnisse. Alle anderen Shuttle-Missionen kehrten vom Autopiloten gesteuert zurück.

Die beiden Spaceshuttle-Missionen STS-1 und STS-2 der Columbia waren die einzigen mit weiß lackiertem Außentank. Bei den späteren der insgesamt 135 Missionen sparte die NASA das Gewicht der Farbe.

Bei der STS-2-Mission wurden erstmals schwere Schäden an den O-Ringen der Feststoffraketen entdeckt, die später auch bei 14 weiteren Spaceshuttle-Flügen auftraten und 1986 schließlich zur Challenger-Katastrophe führten.

Das Spaceshuttle Columbia brach 22 Jahre nach dem Erststart am 1. Februar 2003 kurz vor der Landung seiner 28. Mission wegen Überhitzung einer Tragfläche, die durch einen Schaden im Hitzeschild verursacht worden war, auseinander und stürzte ab. Alle sieben Astronauten verloren dabei ihr Leben.

30 Jahre Spaceshuttle

Der Plan, mit den Spaceshuttles kostengünstiger in den Orbit zu fliegen als mit konventionellen Raketen, die nicht wiederverwendet werden konnten, ging nicht auf. Aufgrund der schnelllebigen Computertechnik musste die Hardware der Spaceshuttles häufig ausgetauscht werden. Die Wartungs- und Instandsetzungskosten nach einer Landung erwiesen sich als deutlich höher als vorgesehen, was dazu führte, dass aus der ursprünglichen Kostenplanung von 200 US-Dollar pro kg Ladung auf einem Flug schließlich 16.000 US-Dollar wurden. Das Spaceshuttle-Programm wurde im Juli 2011 nach 30 Jahren und 135 Flügen beendet.

Insgesamt hatte die NASA neben dem Prototyp **Enterprise** fünf Shuttles, die ins All flogen: **Columbia** (Erstflug: 1981), **Challenger** (Erstflug: 1983), **Discovery** (Erstflug: 1984), **Atlantis** (Erstflug: 1985) und **Endeavour** (Erstflug: 1992). Zwei davon gingen bei für die Besatzung tödlichen Katastrophen verloren: Challenger 1986 und Columbia 2003. Die drei übrigen Spaceshuttles und die Enterprise sind heute in US-amerikanischen Museen ausgestellt.

Letzte Mannschaft auf der Raumstation Saljut 6

Die sowjetische Weltraumbehörde schickte im Jahr 1981 **drei Sojus-Missionen** auf die Reise zur Raumstation Saljut 6, die seit September 1977 um die Erde kreiste und unter anderem auch vom ersten deutschen Raumfahrer Siegmund Jähn besucht wurde.

Am 12. März 1981 starteten die Kosmonauten Wladimir Wassiljewitsch Kowaljonok und Viktor Petrowitsch Sawinych mit **Sojus T-4** als sechste und letzte Stammbesatzung zur Raumstation, die seit Dezember des Vorjahrs leer stand. Kowaljonok unternahm bereits seinen dritten Raumflug und war damit Rekordhalter unter den sowjetischen Kosmonauten. Sawinych war der 100. Mensch im All seit Beginn der bemannten Raumfahrt vor 20 Jahren.

Die Stammmannschaft, die fast 75 Tage im All verbrachte, bekam Besuch von zwei Gastmannschaften. Wladimir Alexandrowitsch Dschanibekow, der Kommandant des ersten internationalen Apollo-Sojus-Testprojekts, und Dschügderdemidiin Gürragtschaa, der erste und bisher einzige Mongole im Weltraum, starteten am 22. März 1981 mit **Sojus 39**, führten auf der Station Experimente zur Beeinträchtigung der Bullaugen durch Mikrometeoriten durch und landeten wieder am 30. März 1981 südlich der Stadt Schesqasghan in Kasachstan. Am 15. Mai 1981 koppelte dann mit **Sojus 40** das letzte Raumschiff an die Station Saljut 6 an. Es war auch das letzte vom Typ 7K-T und brachte Leonid Iwanowitsch Popow, der erst sieben Monate zuvor mit der vierten Stammbesatzung auf der Station gewesen war, sowie Dumitru Dorin Prunariu, den ersten und bislang einzigen Rumänen im Weltraum, als letzte Gastmannschaft zu Saljut 6. Nach knapp acht Tagen im All mit Experimenten zum Erdmagnetfeld kehrte Sojus 40 am 22. Mai 1981 zur Erde zurück. Am 26. Mai 1981 um 09:20 UTC verließ die letzte Stammmannschaft die Raumstation und landete etwa drei Stunden später in Kasachstan.

Damit ging die bemannte Ära der Saljut 6 zu Ende. Am 19. Juni koppelte das bereits am 25. April gestartete automatische Raumschiff Kosmos 1267 für Grundlagenversuche zum Bau modularer Raumstationen an die nicht mehr bewohnte Station Saljut 6 an. Die Raumstation mit dem angekoppelten Kosmos-1267-Modul wurde am 29. Juli 1982 zum kontrollierten Absturz über dem Südpazifik gebracht.

Satelliten für den Amateurfunk

Der zentrale Radioklub der Sowjetunion schickte am 17. Dezember 1981 sechs Amateurfunksatelliten, **Radio Sputnik 3 bis 8**, in Umlaufbahnen um die Erde. Über Radio Sputnik 8 wurde später ein Entfernungsrekord im Amateurfunk über 6.787 km zwischen N9CUE in Indianapolis, USA, und DD0BI in Aurich, Ostfriesland, aufgestellt. Am 10. Juli 1981 startete das staatliche Luftfahrtinstitut Moskau den Amateurfunksatelliten **Iskra 1** in Baikonur, dem russischen Weltraumbahnhof, und am 6. Oktober 1981 startete der britische Amateurfunksatellit **UoSAT-OSCAR 9** als Sekundärnutzlast mit dem Forschungssatelliten Solar Mesosphere Explorer von der Vandenberg Air Force Base in Kalifornien.

Interplanetare Reisen

Die amerikanische Raumsonde **Voyager 2** flog am 25. August 1981 am Saturn vorbei und lieferte viele Fotos vom Saturn, seinen Ringen und seinen Monden. Bereits im Frühjahr 1981 wurden Korrekturmanöver durchgeführt, um Voyager 2 zum Uranus zu bringen. Da bei den Bahnberechnungen und beim Start im Jahr 1977 niemand von einer so langen Lebensdauer der Sonde ausgegangen war, war die Annäherung an den Uranus seinerzeit nicht in Betracht gezogen worden.

Weserhochwasser in Bremen

Der Weserdurchbruch im März 1981 verursachte starke Überflutungen innerhalb des Bremer Stadtgebiets, die später zu umfangreichen städtebaulichen Veränderungen führten.

Die ersten Schäden traten am Morgen des 15. März 1981 auf, als ein Uferweg absackte. Im späteren Tagesverlauf brach der Sommerdeich am südlichen Ende der Karl-Carstens-Brücke, im Volksmund **Erdbeerbrücke** genannt, aufgrund der Wassermassen, die über die Überflutungswiesen von der Landseite gegen den Deich drückten. Alle Küstenschutzmaßnahmen entlang der Weser in Bremen waren gegen von See über die Unterweser hereinströmende hohe Fluten vorgenommen worden. Das Hochwasser im Frühjahr 1981 war aber eine **Flut von oben**, bei der das Wasser mit dem Flusslauf aus der Mittelweser auf die Stadt zuströmte. Im Laufe der folgenden Tage gab es diverse weitere Deichbrüche und Überflutungen. Einige Netzstationen der Stadtwerke wurden zerstört. Am 18. März floss das Wasser in die Keller der Wohnhäuser hinter dem aufgeweichten Deich. Am 19. März brach der Bootshafendeich, in der Folge wurden Spundwände, eine kleine Landzunge und der Regattaturm des Sportboothafens weggespült. Schon die dringendsten Reparaturarbeiten zogen sich über einige Wochen hin. Erst am 14. April konnte die Weser wieder eingeschränkt für die Schifffahrt freigegeben werden.

Auch das alte Bremer Weserwehr, das in Bremen-Hastedt die Mittelweser von der Unterweser trennte, war ursprünglich als Sperre gegen in die Weser strömendes Seewasser angelegt worden. Zusätzlich regelte es den Wasserstand für die Schifffahrt durch Aufstauen der Mittelweser. Nachdem das alte Weserwehr im Zweiten Weltkrieg und danach durch

die Bremer Eiskatastrophe von 1947 noch einmal beschädigt worden war, wurde es in den Jahren 1948 bis 1949 zwar repariert, die Bausubstanz blieb aber geschwächt. Im November 1980 verklemmte sich einer der Wehrkörper so, dass er sich nicht mehr öffnen ließ, was auch seinen Teil zur Überflutungskatastrophe 1981 beitrug. Der Weserdurchbruch wurde zum Anlass genommen, etwa 180 m flussabwärts ein völlig neues Weserwehr zu bauen, das am 10. Juni 1993 in Betrieb genommen wurde.

Durch den Weserdurchbruch wurden insgesamt etwa 120 Kleingärten, die teilweise auf anderen Flächen wiederaufgebaut wurden, sowie ein großer Segelboothafen zerstört. An der Stelle des Durchbruchs entstand die sogenannte **Neue Weser**, die zum Schutz vor zukünftigen Überflutungen erhalten wurde und heute als insgesamt 34,8 Hektar großes Naturschutzgebiet ausgewiesen ist. Der in den 1950er-Jahren angelegte Werdersee erfüllte seine Schutzfunktion zwar gegen Sturmfluten, aber nur sehr begrenzt gegen eine Flut von oben. Im Rahmen der Neugestaltung der überfluteten Region wurde er zum heute größten Badesee in Bremen erweitert. Das aufgrund der Folgen des Weserdurchbruchs neu umgesetzte Leitkonzept zum Abfluss der Weser veränderte das Stadtbild der südöstlichen Stadtteile von Bremen nachhaltig. Mit der Rekultivierung der Flächen, dem Neubau und der Reparatur von Deichen sowie dem Bau des neuen Weserwehrs entstanden ein heute beliebtes Naherholungsgebiet und neue Kleingartenanlagen. Das Hochwasserschutzkonzept ist für einen Weserabfluss von bis zu 4.200 Kubikmetern pro Sekunde ausgelegt, der Maximalmenge, die 1981 beim Weserdurchbruch auftrat. Inwieweit der Weserdurchbruch durch eine rechtzeitige Sanierung des schon zu Kriegszeiten beschädigten alten Weserwehrs hätte verhindert werden können, wurde nie abschließend geklärt.

Technik im Kinderzimmer

Aktuelle Techniktrends finden sich oft nur wenige Zeit später in Kinderspielzeug wieder. So folgten auch wichtige Neuheiten der Spielwarenbranche dem Zeitgeist der beginnenden 1980er-Jahre.

Modelleisenbahn

Die Modelleisenbahnanlage im Keller begeisterte Väter und Söhne gleichermaßen. Hier bastelte man tagelang, besonders bei schlechtem Wetter, an Landschaften und Häusern. Viele von uns haben ihre Grundkenntnisse in Elektrik und Mechanik eher anhand der Eisenbahn als in der Schule erworben. Dabei gab es, wie noch heute, zwei verschiedene Systeme. Märklin-Loks wurden mit Wechselstrom betrieben, daher lag in der Mitte des Gleises eine unterbrochene dritte Stromschiene. Fleischmann und einige andere Hersteller setzten auf ein vorbildgetreues Gleis, das nur aus zwei Schienen bestand, die den Plus- und Minuspol eines Gleichstromkreises bildeten, was das Rückwärtsfahren durch einfache Polumkehrung erleichterte. Märklin brauchte dazu einen speziellen Steuerimpuls. Digitale Modellbahnsteuerung war Anfang der 1980er-Jahre noch nicht ansatzweise denkbar.

Fleischmann setzte nicht nur bei den Gleisen, sondern vor allem auch bei den Fahrzeugen auf extreme Vorbildtreue. Aktuelle Trends der Deutschen Bundesbahn wurden perfekt umgesetzt. Da die Deutsche Bundesbahn 1981 keine neuen Fahrzeuge vorstellte, waren die wichtigsten Fleischmann-Neuheiten ein Modell der **2'C1'H3**-Schnellfahrdampflokomotive der ehemaligen Deutschen Reichsbahn sowie ein Modell des neuen niederländischen Elektroschnelltriebwagens vom Typ **SGM Sprinter**.

Fischertechnik

Das Baukastensystem von Fischertechnik gehörte schon seit den
1970er-Jahren zu den beliebtesten
Technikspielzeugen nicht nur für Kinder. Man konnte damit so ziemlich
alles bauen, und Fischertechnik machte immer wieder aktuelle Technologien leicht verständlich und nachvollziehbar. So erschien im Jahr 1981
die komplett neue Serie **Pneumatik**. Das Handbuch des ersten Pneuma-
tik-Kastens beschreibt das Thema so:

„Ohne Pneumatik wäre die Automation schlechthin undenkbar. Der
gegenwärtige hohe Entwicklungsstand der Automatisierung beruht sehr
wesentlich auf der Schaffung pneumatischer Steuer- und Regelelemen-
te. Trotzdem sind Einrichtungen und Methoden der Pneumatik nicht
annähernd so populär geworden wie diejenigen der Elektronik. Sie sind
jedoch nicht weniger faszinierend, und es auf jeden Fall wert, sich näher
damit zu befassen.

Fischertechnik lieferte Druckluftzylinder, die über Schlauchleitungen
verbunden wurden und mithilfe geschickt gebauter Hebel mechanische
Teile bewegten. Steuerventile und Schalter ermöglichten die manuelle
oder die automatische Steuerung der Maschinen. Für die Drucklufter-
zeugung konnte eine Handpumpe oder ein aus Fischertechnik-Teilen
selbst zusammengebauter Kompressor verwendet werden.

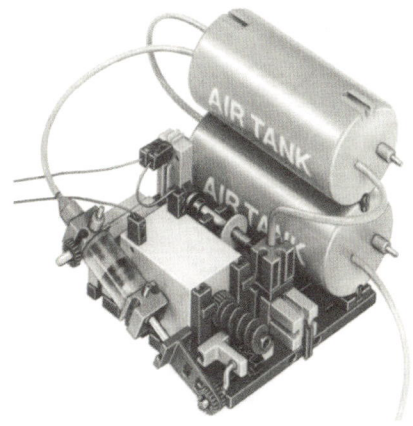

Brettspiele

Der Kritikerpreis **Spiel des Jahres** ging im Jahr 1981 an das abstrakte Denkspiel **Focus** von Sid Sackson, einem der erfolgreichsten Spieleautoren der Welt. Danach schaffte es über Jahrzehnte kein abstraktes Denkspiel mehr, diese Auszeichnung zu erlangen.

Focus erhielt auch den Preis **Essener Feder** für die beste Spielregel, den die Stadt Essen anlässlich der Internationalen Spielertage im Jahr 1981 erstmals und dann bis 2016 jährlich vergab.

Auf der Auswahlliste waren noch Can't Stop, Havannah, Ombagi, Quibbix, Räuber und Gendarm, Wendo und Sagaland, das im nächsten Jahr sogar den Hauptpreis erhielt, was heute nach den Regularien nicht mehr möglich wäre.

Der Preis „Spiel des Jahres" gilt heute als wichtigste Auszeichnung in der Spielebranche und beschert dem ausgezeichneten Spiel in der Regel auch einen großen wirtschaftlichen Erfolg.

Der erste PC

Bevor IBM am 12. August 1981 den **IBM Personal Computer Model 5150** ankündigte, hatten verschiedene Hersteller eigene Versuche unternommen, sich auf dem gerade heranwachsenden Computermarkt zu etablieren. Den Begriff Kompatibilität gab es nicht. Die größte Neuerung war ein Steckkartensystem, mit dem der IBM-PC erweitert werden konnte. Die dafür neu entwickelten Hardwarestandards wurden gut dokumentiert anderen Elektronikherstellern zugänglich gemacht, damit diese Erweiterungen auf den Markt bringen konnten. Das Konzept ging auf, der IBM-PC setzte sich als Standard durch und legte die Hardwaregrundlage für alle Windows-PCs bis heute. Früher sprach man von „IBM-kompatibel", heute einfach nur noch von „PC". Mitbewerber Apple war mit einem ähnlichen Prinzip für Erweiterungskarten gescheitert.

Der IBM-PC verwendete den Intel-8088-Prozessor mit 4,77 MHz und wahlweise 16 oder 64 KB RAM. Mit dem zusätzlichen Koprozessor 8087, für den auf dem Motherboard ein leerer Stecksockel vorgesehen war, ließ sich die Leistungsfähigkeit bei arithmetischen Gleitkommaberechnungen deutlich steigern. Einige Programme, wie unter anderem Tabellenkalkulationen und frühe Versionen von AutoCAD, setzten diesen Koprozessor sogar voraus.

In der Grundausstattung enthalten waren zwei 5,25-Zoll-Diskettenlaufwerke mit voller Bauhöhe, der doppelten Höhe eines heute typischen DVD-Laufwerks, die bei doppelseitigem Beschreiben der Disketten eine Speicherkapazität von 360 KB boten. Festplatten waren damals nicht nur extrem teuer, sondern benötigten auch so viel Strom, dass das Standardnetzteil des IBM-PCs nicht ausreichte und durch ein stärkeres ersetzt werden musste.

Schon beim ersten PC gab es zwei verschiedene Grafikkarten zur Auswahl, die sogar parallel eingebaut sein konnten und dann zwei Monitore gleichzeitig nutzten, vorausgesetzt, die jeweilige Software unterstützte diese Lösung. **CGA** ermöglichte es bei einer Auflösung von 320 × 200, vier Farben gleichzeitig darzustellen, wobei man aus zwei Farbpaletten wählen konnte: Schwarz/Cyan/Magenta/Hellgrau oder Schwarz/

Grün/Rot/Gelb. Bei einer Auflösung von 640 × 200 war neben Schwarz eine weitere Farbe aus einer Palette von 16 wählbaren Farben möglich. Der zweite Standard, **MDA**, ermöglichte Monochromdarstellung mit einer Auflösung von 720 × 350 Pixeln. Dabei gab es auch einen reinen Textmodus mit 25 Zeilen zu je 80 Zeichen, wobei bei jedem Zeichen die Varianten unterstrichen und invers sowie zwei Helligkeitsstufen möglich waren.

Der IBM-PC wurde 1983 von dem um eine 10 MB große Festplatte und mehr Arbeitsspeicher erweiterten PC/XT abgelöst. Erst 1984 vollzog sich mit dem IBM-PC/AT mit 80286-Prozessor der große Sprung zur 16-Bit-Technologie.

MS-DOS

Der IBM-PC brauchte ein Betriebssystem, und IBM hatte kein kompatibles auf Lager. Nach ersten Planungen für den IBM-PC sollte die RISC-CPU IBM 801 verwendet werden, wofür ein später als AIX bekannt gewordenes Unix-Derivat als Betriebssystem hätte genutzt werden können. Als man sich dann aus produktpolitischen Gründen für die Intel-8088-CPU entschied, war dieses Betriebssystem nicht zu verwenden. Eine Alternative wäre das bereits auf anderer Hardware laufende CP/M von Digital Research gewesen, es scheiterten allerdings die Lizenzverhandlungen. Daraufhin ging IBM auf die noch junge Firma

Microsoft zu, die durch ihr BASIC bekannt geworden war. Microsoft hatte zwar kein eigenes Betriebssystem, kaufte aber kurzfristig **QDOS** von **Seattle Computer Products**, lizenzierte es an IBM und passte es an den IBM-PC an. Damit waren MS-DOS und die IBM-Variante PC-DOS geboren, anfangs auch als IBM-DOS bezeichnet.

MS-DOS 1.0 aus dem Jahr 1981 enthielt bereits das bis heute weiterentwickelte FAT-Dateisystem. Auch viele Befehle werden in der Eingabeaufforderung von Windows, die auf MS-DOS basiert, bis heute verwendet. MS-DOS enthielt damals keinerlei grafische Oberfläche und wurde auf einem schwarzen Bildschirm mit der Tastatur bedient.Erst die Version MS-DOS 2.0 brachte die heute selbstverständlichen Ordnerstrukturen, die mit dem Aufkommen von Festplatten notwendig wurden, mit sich. Seit MS-DOS 3.0 ist das Betriebssystem netzwerkfähig.

Osborne 1 – der erste „Schlepptop"

Im April 1981, noch vor dem ersten PC, stellte Adam Osborne den ersten tragbaren Computer vor, den Osborne 1, der mit etwa 11 kg Gewicht den Begriff **Schlepptop** prägte. Die Herstellerfirma, die Anfang desselben Jahres erst gegründet worden war, warb damals mit dem Spruch „Unser Computer passt unter jeden Flugzeugsitz" bei einer zahlungskräftigen Zielgruppe. Immerhin kostete der Osborne 1 bei Markteinführung in Deutschland etwa 6.000 DM.

MS-DOS kam erst etwas später auf den Markt, daher verwendete der Osborne 1 mit seinem Z80-Prozessor, 64 KB RAM und dem markanten 5-Zoll-Röhrenmonitor das damals weitverbreitete Betriebssystem CP/M. Zusätzlich wurden die Textverarbeitung WordStar und die Datenbank

dBase II, die beide heute noch dem Namen nach bekannt sind, auf Disketten mitgeliefert. Zwei 5¼-Zoll-Laufwerke waren eingebaut, eine Festplatte gab es noch nicht. Der eingebaute Bildschirm verbrauchte mehr Strom, als ein damaliger Akku hätte leisten können, deshalb war von Anfang an vorgesehen, den Computer nur an der Steckdose zu betreiben.

Commodore VC20

Commodore International stellte auf der Hannover Messe 1981 den **Volkscomputer** VC20 in Europa vor, der bereits im September des Vorjahrs in Japan unter dem Namen VIC 1001 erstmals gezeigt worden war. In Europa und besonders in Deutschland gilt der VC20, der beim Verkaufsstart 899 DM kostete, als Grundstein der Heimcomputer-Ära. Der wegen seiner Bauform und seiner Farbe von Fans liebevoll als „Brotkasten" bezeichnete Computer war für viele der private Einstieg in die Computerwelt.

Anders als mit den früheren Modellen der CBM-Serie (*Commodore Business Machines*) mit ihren eingebauten grünen Monochrommonitoren ging Commodore mit dem VC20 gezielt auf den privaten Markt. Der VC20 ließ sich über das eingebaute HF-Modul an jeden Farbfernseher anschließen und konnte mit einem im ROM installierten BASIC programmiert werden, wurde aber von vielen, besonders von Jugendlichen, als reiner Spielcomputer genutzt. In kurzer Zeit wurden zahlreiche Spiele angeboten, meist auf sogenannten Cartridges – Speichermodulen zum direkten Anstecken an einen eigens dafür entwickelten Busstecker. Wer eigene Programme speichern wollte, tat dies auf der Datasette, einem speziellen Kassettenrekorder für handelsübliche Audiokassetten. Disketten waren damals für private Nutzer nicht bezahlbar.

Der 8-Bit-Prozessor MOS 6502 und 5 KB Speicher waren schon damals kein „High End", sondern eher durchschnittlicher Standard, was vor allem dem Preis geschuldet war. Commodore hatte den Chiphersteller MOS einige Jahre vorher gekauft und konnte im eigenen Haus die Prozessoren günstiger bekommen als Atari und Apple, die ebenfalls

Computer auf der Basis der 6502-CPU bauten. Nachdem der VC20 1981 mit insgesamt etwa 2,5 Millionen verkauften Geräten das Interesse an privaten Computern geweckt hatte, war der Weg frei für den technisch weiterentwickelten Nachfolger C64, der 1982 startete und sich zum größten Erfolg in der Firmengeschichte von Commodore entwickelte.

Sharp-PC-1401

Mit dem Siegeszug der PCs sahen die Hersteller von Taschenrechnern, besonders von programmierbaren, ihren Markt dahinschwinden. Im Jahr 1981 stellte Sharp mit dem PC-1401 seinen ersten in BASIC programmierbaren **Pocket-Computer** mit integriertem wissenschaftlichem Taschenrechner vor. Diese neue Geräteklasse sollte die Lücke zwischen Taschenrechner und Computer füllen.

Der PC-1401, der wie ein überdimensionierter Taschenrechner im Querformat aussah, verfügte über eine alphanumerische LCD-Matrixanzeige mit 16 Zeichen sowie eine QWERTY-Tastatur. Der Rechner ließ sich zwischen vier verschiedenen Betriebsarten umschalten: Der **Programmiermodus** diente dem Programmieren in BASIC, im **Run-Modus** liefen die Programme, im **Calculator-Modus** lief der PC-1401 wie ein wissenschaftlicher Taschenrechner, und im **Statistikmodus** ließen sich diverse Statistikfunktionen nutzen. Über die aus anderen BASIC-Varianten – z. B. dem VC20 – bekannten Befehle PEEK und POKE konnte der PC-1401 auch direkt in Maschinensprache programmiert werden. ·

Sharp entwickelte für die Pocket-Computer eine eigene Schnittstelle, an der ein Kassettenrekorder als externer Speicher für Programme, ein Thermodrucker oder ein Stiftplotter angeschlossen werden konnte. Die Schnittstelle wurde mit einem Spezialkabel auch zur direkten Datenübertragung zwischen zwei Pocket-Computern genutzt.

Der Sharp-PC-1401 startete im Jahr 1981 eine Serie BASIC-programmierbarer Taschencomputer, die über viele Jahre fortgesetzt wurde und lange vor den ersten Laptops oder gar Tablets computergestütztes Arbeiten unterwegs möglich machte.

Robotron A5110

Das VEB-Robotron-Büromaschinenwerk „Ernst Thälmann" in Sömmerda produzierte ab 1981 den Computer Robotron A5110, den ersten 8-Bit-Bürocomputer der DDR. Das Gerät in Form einer überdimensionierten Schreibmaschine besaß eine einzeilige Punktmatrixanzeige sowie einen eingebauten Typenraddrucker und wurde im Wesentlichen für Buchhaltung sowie in Sparkassen und bei der Post eingesetzt. Das Betriebssystem BROS (*basisresistentes Operationssystem*) war im ROM, Programme wurden über Steckmodule angeschlossen. Mit einem zusätzlichen Bildschirm konnte das Betriebssystem SCP (*Single User Control Program*) genutzt werden, das zum damals „im Westen" genutzten CP/M weitgehend kompatibel war, sodass man auch auf eine größere Auswahl an Software zugreifen konnte.

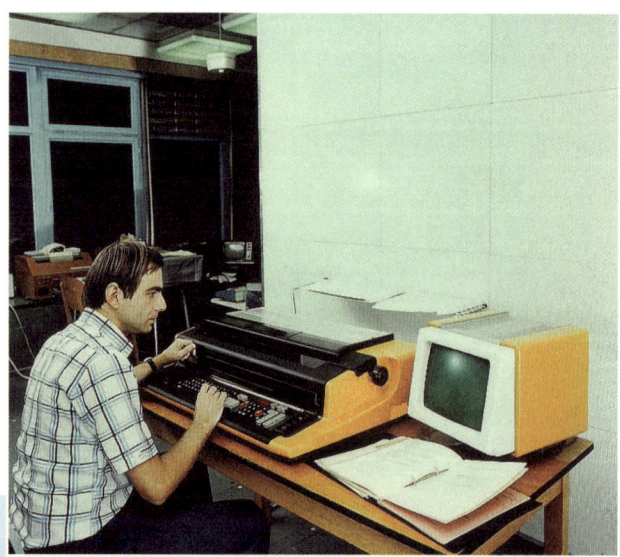

Compact Disc

Auf der Internationalen Funkausstellung in Berlin 1981 wurde die Compact Disc, wesentlich bekannter unter der Abkürzung **CD**, als neues Medium zum Verkauf von Musik vorgestellt. Die ersten kommerziellen Audio-CDs kamen erst im folgenden Jahr in die Läden.

Das optische Speichermedium bot durch digitale Aufzeichnung eine wesentlich bessere Audioqualität als die bis dahin verwendeten Schallplatten oder Tonbandkassetten. Bereits in den späten 1970er-Jahren gab es Konzepte optischer digitaler Aufzeichnung von Musik, die zwar teilweise patentiert wurden, aber nie Marktreife erlangten.

Die **Audio-CD** war der Schallplatte auch insofern überlegen, als sich bei mehrfachem Abspielen keinerlei mechanische Abnutzungserscheinungen zeigten. Bei der Vorstellung der CD ging man davon aus, dass diese Datenträger nahezu ewig haltbar wären. Später stellte sich diese Annahme jedoch als Trugschluss heraus.

In den 1990er-Jahren verschwanden die klassischen Schallplatten aus den ehemaligen Plattenläden und Elektronikmärkten nahezu vollständig und sind nur noch auf Flohmärkten und in speziellen Läden für Freaks zu finden.

Da die Musikindustrie mit dem Aufkommen der ersten CD-Laufwerke für PCs Umsatzverluste durch wildes Kopieren von Musik befürchtete, wurden verschiedene Kopierschutzverfahren erfunden, die allerdings dazu führten, dass bestimmte CDs auf bestimmten Abspielgeräten auch legal nicht mehr abspielbar waren. Deshalb müssen seit dem 1. November 2003 in Deutschland verkaufte kopiergeschützte CDs deutlich als solche gekennzeichnet werden.

Die CD-ROM zum Speichern von Daten wie auch die Möglichkeit, selbst CDs zu brennen, kamen erst einige Jahre später.

Das erste Jump-'n'-Run-Spiel – Donkey Kong

Anfang der 1980er-Jahre kamen die ersten Videospielgenres auf, Spielideen und -Prinzipien, die immer wieder von neuen Spielen übernommen und weiterentwickelt wurden.

Ein Spiel kam 1981 mit einem völlig neuartigen Spielprinzip, zuerst als Automatenspiel, in die Spielhallen: **Donkey Kong**. Der Spielheld **Super Mario**, der in diesem Spiel erstmals auftauchte und später zur Kultfigur wurde, musste durch geschickte Sprünge in einer Spielwelt, die als zweidimensionale Ansicht von der Seite dargestellt wurde, seine Freundin vor dem gefährlichen Gorilla Donkey Kong retten.

Donkey Kong gilt als eines der beliebtesten Computerspiele der 1980er-Jahre und begründete das damals neue Genre der **Jump-'n'-Run-Spiele**. Die zweidimensionale Spielwelt und selbst die Steuerung der Spielfigur wurden von Hunderten von Spielen übernommen – mit vielfältigen Themen und im Laufe der Zeit immer besserer Grafik.

Wer ist eigentlich Super Mario?

Vermieter des Nintendo-Firmengebäudes in New York war der Italo-Amerikaner **Mario Segale**. Anfang des Jahres 1981 schlug er tobend und laut schimpfend dort auf, um Mietrückstände seiner japanischen Mieter einzufordern. Dieses Spektakel regte die Fantasie der Spieleentwickler derart an, dass sie für Donkey Kong statt einer ursprünglich an Popeye angelehnten Figur den **Super Mario** entwarfen. Daraus entstand eine erfolgreiche Serie von Spielen, die zusammen über 300 Millionen Mal verkauft wurden. Mario gilt heute als bekannteste Videospielfigur aller Zeiten.

Der Donkey-Kong-Video-spielautomat war der erste internationale Erfolg des Herstellers Nintendo und sicherte dem japanischen Konzern die Marktführerschaft in der US-amerikanischen Spielautomatenbranche.

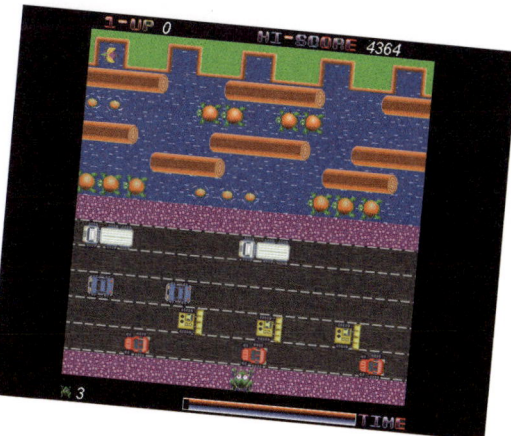

Frogger

Auch der zweite große Spieleentwickler, Sega, brachte im Jahr 1981 ein Spiel auf den Markt, das unter Retrogamern bis heute ungebrochenen Kultstatus genießt: **Frogger**. In diesem schnellen Geschicklichkeitsspiel versucht man, als Frosch wohlbehalten über eine vielbefahrene Straße und anschließend über einen Fluss zu gelangen. Bei der Flussüberquerung nutzt der Frosch die im Fluss treibenden Baumstämme und Schildkröten als Flöße und muss um jeden Preis vermeiden, von einem Krokodil gefressen zu werden.

Sega produzierte das Spiel anfangs für Videospielautomaten in Spielhallen. Später wurde es auf diverse seinerzeit aktuelle Computerplattformen portiert: VC20, PC (MS-DOS), Game Boy, Atari 2600, Sinclair, MSX, Apple II und andere.

Das erste PC-Spiel

Zeitgleich mit MS-DOS 1.0 veröffentlichte Microsoft das Spiel **Microsoft Adventure**, ein Fantasy-Abenteuerspiel für den IBM-PC, das diesen nicht nur als Bürocomputer, sondern auch als Spielplattform etablieren sollte. Das Spiel wurde auf einer bootfähigen Diskette angeboten und verwendete eine eigene eingeschränkte Version des Betriebssystems. Es konnte nicht aus MS-DOS heraus gestartet werden. Microsoft Adventure basierte auf dem Textabenteuer **Colossal Cave Adventure**, das bereits für andere Computersysteme verfügbar war. Grafik gab es nicht, das Spiel war auch nicht sonderlich erfolgreich, aber es ging als das erste PC-Spiel in die Geschichte ein.

Technik-Museum Sinsheim

Das Technik-Museum Sinsheim wurde am 6. Mai 1981 als privates **Auto- & Technikmuseum Sinsheim** von einer Gruppe Sammler historischer Autos und Flugzeuge mit einer Ausstellungsfläche von 5.000 m² gegründet. Heute gehört das Museum, dessen Ausstellungsfläche auf über 50.000 m² angewachsen ist, mit mehr als einer Million Besucher im Jahr zu den bestbesuchten Technikmuseen in Deutschland und verfügt sogar über einen eigenen S-Bahn-Haltepunkt.

Die Ausstellung umfasst unter anderem rund 300 Oldtimer, 200 Motorräder, 150 Traktoren, 60 Flugzeuge, 40 Renn- und Sportwagen, 27 Lokomotiven und zahlreiche andere Fahrzeuge und Maschinen.

Die prominentesten Ausstellungsstücke sind die beiden Überschallverkehrsflugzeuge **Tupolew Tu-144** und **Concorde** sowie das Rekordraketenfahrzeug **Blue Flame**. Das Technik-Museum Sinsheim ist das einzige Museum der Welt, in dem die beiden einzigen jemals im Liniendienst eingesetzten Überschallpassagierflugzeuge Seite an Seite besichtigt werden können.

Einige Ausstellungsstücke des Museums wurden sogar ursprünglich im Gründungsjahr des Museums, 1981, gebaut:

DeLorean DMC-12 – Im Museum sind zwei Exemplare des Kultsportwagens zu sehen, einer im Originalzustand der ausgelieferten Serienfahrzeuge und ein zweiter, der von einem privaten Sammler detailgetreu zur Zeitmaschine aus der Filmtrilogie **Zurück in die Zukunft** umgebaut wurde.

Chevrolet Skoal Bandit – Die Besitzer dieses 1981 gebauten Stockcars waren die Schauspieler Burt Reynolds und Hal Needham, die, inspiriert von ihrem Film **Ein ausgekochtes Schlitzohr**, auf die Idee kamen, ein eigenes Stockcar-Racing-Team zu gründen.

Ein Flügel der Windversuchskraftanlage **Growian** im Kaiser-Wilhelm-Koog weist Autofahrer auf der nahe gelegenen Autobahn weithin sichtbar auf das Technik-Museum Sinsheim hin. Das Projekt Growian wurde 1981 mit dem ersten Spatenstich offiziell gestartet.

TGV – Start des europäischen Hochgeschwindigkeitsverkehrs

Am 22. September 1981 eröffneten die französischen Eisenbahnen das erste 273 km lange Teilstück der neuen Schnellfahrstrecke zwischen Paris und Lyon. Dort fahren unter der Marke **TGV** (*Train à Grande Vitesse*) ausschließlich eigens entwickelte elektrische Hochgeschwindigkeitszüge, die die bisherige Fahrzeit von Paris nach Lyon fast halbierten. Der früher auf der Altbaustrecke eingesetzte TEE benötigte 3 Stunden 55 Minuten, der TGV nur noch 2 Stunden.

Durch einen kompletten Neubau der Strecke und den Verzicht auf den bei anderen Bahngesellschaften üblichen Mischbetrieb mit Regional- und Güterzügen ist der TGV sehr pünktlich und erreicht bei optimaler Auslastung der Strecke hohe Reisegeschwindigkeiten. Bis heute umfasst das TGV-Netz rund 2.036 km, wobei fast alle Strecken sternförmig auf Paris zulaufen. Der TGV wurde in kurzer Zeit zum kommerziellen Erfolg in Frankreich und verdrängte den inländischen Flugverkehr fast komplett.

Nach dem erfolgreichen Start ins Hochgeschwindigkeitszeitalter wurden in Frankreich diverse weitere TGV-Strecken gebaut. Andere europäische Länder folgten mit eigenen Hochgeschwindigkeitszügen. Die Eurostar-

Der TGV hält diverse Geschwindigkeitsrekorde bei der Bahn

Bereits am 25. Februar 1981 erreichte ein TGV-Testzug auf der Strecke Paris – Lyon mit 380 km/h einen neuen Weltrekord und brach damit den bisherigen, seit 1955 bestehenden Weltrekord für Schienenfahrzeuge, der ebenfalls in Frankreich aufgestellt worden war.

TGV-Züge erfuhren im Laufe der Geschichte noch weitere Geschwindigkeitsrekorde. So erreichte ein speziell für diese Fahrt modifizierter TGV-Zug auf der Strecke zwischen Paris und Strasbourg bei **Le Chemin** den heute noch bestehenden **Weltrekord** für Schienenfahrzeuge mit Radantrieb von 574,8 km/h. Höhere Geschwindigkeiten werden zurzeit nur von Magnetschwebebahnen erreicht.

Es ist ebenfalls ein TGV, der mit 350 km/h zwischen Lyon-Saint-Exupéry und Aix en Provence die höchste Geschwindigkeit eines in Europa planmäßig verkehrenden Zugs mit Rad-Schiene-Antrieb fährt. Die höchste Durchschnittsgeschwindigkeit eines planmäßigen Zugs mit diesem System zwischen zwei Bahnhöfen in Europa fährt der TGV-Duplex zwischen Lorraine TGV und Champagne-Ardenne TGV mit 271,8 km/h.

Züge durch den Kanaltunnel, das europäische Gemeinschaftsprojekt Thalys sowie der spanische AVE verwenden Zugtypen, die auf dem TGV basieren. In Deutschland fuhr der erste planmäßige ICE zehn Jahre später, am 29. Mai 1991, von Hamburg-Altona nach München. Heute erreichen französische TGV-Züge auch Deutschland. Mittlerweile wurde der TGV deutlich weiterentwickelt und durch Nachfolgemodelle ersetzt. Die Züge aus dem Jahr 1981 sind seit 2019 nicht mehr im planmäßigen Betrieb. Einige davon wurden in die Schweiz abgegeben.

City-S-Bahn Hamburg

Die S-Bahn Hamburg fährt seit ihrem Start im Jahr 1907 traditionell oberirdisch und auf Brücken durch die Stadt. Am 31. Mai 1981 wurde die City-S-Bahn komplettiert und brachte die Vororte im Westen und Nordwesten mit Direktverbindungen deutlich näher an die Innenstadt, deren wichtigste Plätze durch Tunnelbahnhöfe erschlossen wurden. In diesem Zusammenhang wurde 1981 auch der **Tunnelbahnhof** der S-Bahn am **Hamburger Hauptbahnhof** mit den neuen Gleisen 1 und 2 eingeweiht, was zu einer umfassenden Umnummerierung der übrigen Gleise führte. Die nach Westen fahrenden S-Bahn-Züge verkehren im Tunnel, die nach Osten fahrenden Züge auf den ehemaligen Gleisen 1 und 2 in der Bahnhofshalle, die jetzt die Nummern 3 und 4 tragen.

Da die neu erbaute Tunnelrampe nördlich des Bahnhofs Hamburg Altona eine Steigung von bis zu vier Prozent aufweist und man befürchtete, dass die S-Bahn-Züge sie bei voller Besetzung nicht bewältigen würden, wurden bei den Zügen der damals neuen Baureihe 472 auch die Mittelwagen motorisiert. Die Sorge war aber unberechtigt: Im Betrieb gab es auch mit älteren Baureihen keinerlei Probleme.

Der Bahnhof Hamburg Altona und die gleichnamige Tunnelstation der City-S-Bahn wurden in den letzten 40 Jahren mehrfach modernisiert und zu einem Ladenzentrum ausgebaut. Teile der Betonfassade wie auch die Kubatur des Gebäudes zeigen heute noch den Charme der frühen 1980er.

Zur Zeit des Kalten Kriegs waren Schutzräume, eine moderne Form von Bunkern, groß in Mode. Solche sogenannten **Mehrzweckanlagen** in den S-Bahnhöfen Stadthausbrücke und Reeperbahn sollten im Verteidigungs- oder Katastrophenfall jeweils bis zu 4.500 Personen Schutz vor ABC-Gefahren gewähren.

Entwicklung der Stadtbahnen in Deutschland

Die Städte der 1970er-Jahre hatten zunehmend mit Verkehrsproblemen zu kämpfen. Der gestiegene Individualverkehr blockierte nicht nur sich selbst auf den Straßen, sondern auch die anderen Verkehrsmittel wie Straßenbahnen und Linienbusse.

Schnell wurde klar, dass die klassische U-Bahn, wie sie seit den ersten Jahren des 20. Jahrhunderts in Berlin und Hamburg fuhr, nur eine Lösung für Millionenstädte war. Aus diesen Überlegungen heraus entstand das Konzept der **Stadtbahn**, die im Innenstadtbereich unterirdisch und in Gebieten mit weniger dichtem Verkehr oberirdisch oder aufgeständert unabhängig vom Straßenverkehr fährt. In Randbezirken können die Linien, soweit die verwendeten Fahrzeuge es zulassen, als typische Straßenbahn weitergeführt werden. Platzbedarf und Baukosten sind deutlich geringer als bei einer U-Bahn, sodass dichtere Haltestellenabstände möglich sind. Ende der 1970er-, Anfang der 1980er-Jahre entstanden die ersten Stadtbahnsysteme in deutschen Ballungszentren.

Stadtbahn Bochum

Am 28. November 1981 eröffnete in Bochum die unterirdische Station **Planetarium** gemeinsam mit der oberirdischen Haltestelle **Ruhrstadion** als Verlängerung des zwei Jahre zuvor eröffneten ersten Tunnelstreckenabschnitts. Die Linie wurde im Stadtbahnvorlaufbetrieb anfangs mit Straßenbahnfahrzeugen befahren und sollte später auf Hochbahnsteige umgebaut werden. Was zunächst nur ein Provisorium war, erwies sich in den 1990er-Jahren mit der Entwicklung der Niederflurtechnik bei Bahnfahrzeugen als geschickter Zug. Dank neuer Fahrzeuge wurde ein barrierefreier Einstieg ohne Hochbahnsteige möglich. Vorhandene Straßenbahnstrecken konnten mit deutlich weniger Aufwand auf Stadtbahnstandard gebracht werden.

Der Bahnhof Planetarium ist mit astronomischen Motiven gestaltet. Auf dem Bahnsteig ist ein Abguss eines in Namibia gefundenen Meteoriten ausgestellt. Das Original befindet sich im nur wenige U-Bahn-Stationen entfernten Deutschen Bergbaumuseum.

Hoch hinaus – bekannte Türme und Hochhäuser

Ganz im Zeitgeist der frühen 1980er wollten auch die Bauingenieure „hoch hinaus". Weltweit und vor allem in Deutschland stellte die boomende Bauindustrie 1981 Türme und Hochhäuser fertig, die bis heute Rekorde halten. Das höchste im Jahr 1981 in Deutschland fertiggestellte Gebäude ist mit 284 m der Schornstein des **Kraftwerks Bergkamen**, der sich heute auf Platz 6 der höchsten Schornsteine in Deutschland befindet.

Colonius Köln

Der am 3. Juni 1981 eröffnete **höchste Fernmeldeturm in Nordrhein-Westfalen** mit 266 m steht zurzeit auf Platz 7 der höchsten Fernmeldetürme Deutschlands und auf Platz 56 der Welt. Heute werden von dort zahlreiche DAB+-Radioprogramme sowie DVB-T2-HD-Fernsehen und einige UKW-Radiosender ausgestrahlt. Außerdem nutzt das Kölner Unternehmen Media Broadcast den Turm für kommerzielles Pay-TV über seine Plattform freenet TV. Anlässlich des Architekturfestivals Plan 08 im Jahr 2008 gab es eine Lichtinszenierung am Turm. Das Drehrestaurant, die Diskothek und die Aussichtsplattform auf 166 m Höhe mussten im Jahr 1999 wegen geänderter Bauvorschriften geschlossen werden.

Interhotel Merkur Leipzig

Das heutige Hotel **The Westin Leipzig** wurde am 13. März 1981 als Interhotel Merkur zeitgleich mit der Leipziger Frühjahrsmesse eröffnet. Der Rohbau wurde von der Dyckerhoff & Widmann AG aus Berlin (West) ausgeführt, Heizung, Klima und Sanitärinstallationen von einem schwedischen Unternehmen. Die übrigen Ausbauarbeiten und die Dachabdichtung übernahmen Betriebe aus der DDR. Mit 96 m Höhe und 27 Etagen steht das Hotel auf Platz 90 der höchsten deutschen Hochhäuser. Im Jahr 2010 erhielt das The Westin Leipzig den Business Diamond Award als bestes Businesshotel Deutschlands.

Westnetz-Hochhaus Dortmund

Das 23-geschossige Bürohaus der ehemaligen **Oberpostdirektion Dortmund** mit seinem charakteristischen kreuzförmigen Grundriss mit 88,10 m Höhe war bei seiner Einweihung im Jahr 1981 das höchste Hochhaus in Dortmund und wurde erst 2005 vom 3 m höheren RWE Tower überragt. Das Gebäude, das nach einem Verkauf durch die Telekom heute als Zentrale des Netzbetreibers Westnetz genutzt wird, gilt immer noch als das Hochhaus mit den meisten Stockwerken in Dortmund – der RWE Tower hat nur 22 Stockwerke.

Euler-Hermes-Hochhaus Hamburg

Das im Jahr 1981 eröffnete Bürogebäude der Kreditversicherung **Euler Hermes** mit seinen 85,6 m Höhe und 23 Stockwerken steht zurzeit noch auf Platz 12 der Liste der höchsten Hochhäuser in Hamburg. Nach dem Auszug des Unternehmens wird das Gebäude wegen Asbestbelastung und steigender Betriebskosten bis 2021 entkernt und abgerissen. Auf dem Grundstück in unmittelbarer Nähe des S-Bahnhofs Bahrenfeld sollen in den nächsten Jahren Wohngebäude entstehen.

Bauten für die Kultur

Keine Höhenrekorde, aber deshalb nicht weniger interessant: Im Jahr 1981 wurden in Deutschland einige bedeutsame Gebäude für die Kultur eröffnet.

Gewandhaus Leipzig

Das 1981 eingeweihte **Neue Gewandhaus** ist der einzige Neubau eines reinen Konzertgebäudes in der DDR, bis heute eine der wichtigsten Konzerthallen für klassische Musik in Deutschland und Heimat des Gewandhausorchesters. Der Name stammt noch vom ersten Vorgänger-bau aus dem Jahr 1498, das als Messehaus (Warenhaus) der Tuch- und Wollwarenhändler genutzt wurde.

Ökumenisches Kirchenzentrum Hannover-Mühlenberg

Dieses ökumenische Kirchenzentrum ist eines der ersten ökumenischen Kirchenneubauten in Deutschland. Es beherbergt seit 1981 die evange-lisch-lutherische Bonhoeffer-Gemeinde und die römisch-katholische Pfarrgemeinde St. Maximilian Kolbe mit zwei eigenen Kirchenräumen und diversen gemeinsam nutzbaren Sälen sowie Gruppen- und Veran-staltungsräumen. Das 27 m hohe Stahl-Glas-Kreuz des ehemali-gen **Christus-Pavillons** der Expo 2000 dient seit Ende der Expo als Kirchturm und Wahrzeichen des Stadtteils im Südwesten von Hannover.

Neue Brücken

Humber-Brücke

Am 24. Juni 1981 eröffnete die
britische Königin Elisabeth II.
die über die Flussmündung
Humber zwischen Hessle und
Barton-upon-Humber (England)
führende **Humber-Brücke** – mit
2.220 m Gesamtlänge und 1.410 m
Spannweite zwischen den Pylonen
eine der längsten Hängebrücken
der Welt. Die Spitzen der 155,5 m
hohen Pylone sind aufgrund
der Erdkrümmung 36 mm weiter voneinander entfernt als die
Fußpunkte. Bei einem Orkan mit
Windstärke 12 schwanken diese
Pylonspitzen um bis zu 3 m.

Erste Planungen für eine Querung des Humber stammen aus dem Jahr
1872. 1959 wurde dann im Humber Bridge Act der Bau der Brücke
beschlossen. Aber erst 1972 begannen schließlich die Bauarbeiten. Die
Humber-Brücke war bis 2012 die einzige im Vereinigten Königreich,
auf der auch Motorradfahrer **Brückenmaut** bezahlen mussten. Danach
wurden diese Gebühren abgeschafft.

Die Humber-Brücke ist die **längste zu Fuß überquerbare Brücke** der
Welt. Der bekannte Humber-Bridge-Halbmarathon führt auf dem Hin-
und Rückweg über diese Brücke.

Kleine Ereignisse, die fast in Vergessenheit geraten sind

1

Automatenmarke

Die Deutsche Bundespost führte zum 2. Januar 1981 offiziell die sogenannte Automatenmarke (ATM) ein. Der erste **Briefmarken-automat**, der Briefmarken mit anfangs noch fest vorgegebenen, später frei wählbaren Werten auf Blankopapier druckt, wurde am 5. Januar 1981 im Postamt Darmstadt 11 in Betrieb genommen. In den nächsten Wochen folgen weitere Automaten in Cuxhaven, Lübeck, Köln, Bonn und Frankfurt am Main. Die Automaten gaben von Anfang an kein Wechselgeld zurück, sondern erstatten zu viel gezahlte Beträge als Briefmarken.

2

Erster Schritt zum privaten Rundfunk

Das **3. Rundfunk-Urteil** vom 16. Juni 1981 war ein Meilenstein auf dem Weg zum privaten Rundfunk in Deutschland. Vorher gab es nur im Saarland eine rechtliche Grundlage für Privatsender. Nach dem Urteil des Bundesverfassungsgerichts entwickelten alle Bundesländer Landesmediengesetze, die den Start privater Rundfunksender ermöglichten. Umgekehrt wurde das saarländische Rundfunkgesetz aus dem Jahr 1967 in Teilen für verfassungswidrig erklärt.

Rauchen gefährdet Ihre Gesundheit

3

Seit dem 1. Oktober 1981 müssen alle **Zigarettenschachteln** wie Werbeplakate für Tabakwaren den Schriftzug „Der Bundesgesundheitsminister: Rauchen gefährdet Ihre Gesundheit" zusammen mit Angaben über Nikotin- und Kondensatgehalt zeigen.

Neues Fährschiff in Arnis

Seit den 1960er-Jahren fährt in Arnis, der **kleinsten Stadt Deutschlands**, eine Seilfähre mit Motor über die Schlei. Das im Jahr 1981 gebaute neue Fährschiff ist bis heute in Betrieb.

4

Hoverspeed

Die Reederei Hoverspeed wurde 1981 in Dover, England, gegründet. Die Hovercrafts boten mit etwa 30 Minuten Fahrzeit die **schnellste Fährverbindung über den Ärmelkanal**. Mit der Eröffnung des Eurotunnels im Jahr 1993 gingen die Fahrgastzahlen deutlich zurück. Am 1. Oktober 2000 fuhr das letzte Hovercraft über den Kanal.

5

Flugzeuge

Im Jahr 1981 starteten einige mehr oder weniger bekannte Flugzeuge zu ihren Erstflügen.

Boeing 767

Die Boeing 767, das erste zweistrahlige Langstreckenflugzeug des Herstellers Boeing, absolvierte am 26. September 1981 ihren Erstflug. Je nach Ausstattung können bis zu 375 Passagiere über 10.000 km weit fliegen. Die Boeing 767 wurde in drei Hauptversionen ausgeliefert – 767-200, 767-300, 767-400 –, die sich im Wesentlichen durch ihre Länge unterschieden. Dazu gab es verschiedene Unterversionen mit erweiterter Reichweite und anderen Triebwerken. Größter Abnehmer war die Fluggesellschaft Delta Airlines mit 117 Stück.

Im Laufe der Bauzeit bis 2014 wurden mehr als 1.100 Flugzeuge der Serie 767 ausgeliefert. In einer speziellen Frachtversion wird sie heute noch gebaut. Insgesamt gingen 19 Maschinen dieses Typs durch Abstürze, Unfälle am Boden, Terror oder Krieg verloren. Zwei Flugzeuge dieses Typs wurden bei den Anschlägen vom 11. September 2001 in die Hochhäuser des World Trade Center in New York gesteuert.

BAe 146

Das vierstrahlige Kurzstreckenverkehrsflugzeug mit seiner charakteristischen Schulterdeckerform wurde von mehreren Fluggesellschaften, unter anderem Lufthansa CityLine (später Lufthansa Regional), für Linienflüge zu Innenstadtflughäfen wie London City Airport oder Berlin Tempelhof eingesetzt, da die Maschinen vergleichsweise leise sind und mit kurzen Start- und Landebahnen zurechtkommen. Bis zum Produktionsende im Jahr 2003 wurden 387 Flugzeuge gebaut, der Erstflug war am 9. März 1981.

Mjassischtschew VM-T Atlant

Von dem Transportflugzeug für die Raketenstufen und Orbiter des russischen Raumfahrtprogramms **Buran** wurden nur zwei Exemplare gebaut. Die Flugzeuge transportierten die ersten Funktionsmodelle des Buran, der sowjetischen Variante eines wiederverwendbaren Raumgleiters, ähnlich den amerikanischen Spaceshuttles, vom Fertigungswerk zum Startplatz nach Baikonur. Auch die Zentralstufe der Energija-Raketen wurde auf dem Rücken der Atlant nach Baikonur gebracht. Ab 1989 übernahm die Antonov An-225, das größte Flugzeug der Welt, die Aufgaben der Atlant.

Solarflugzeug Solar Challenger

Am 7. Juli 1981 flog Steve Ptacek als erster Mensch mit einem durch Solarzellen betriebenen Flugzeug von Corneille-en-Verin bei Paris zur Manston Royal Airforce Base in England 262 km weit über den Ärmelkanal. Das Flugzeug **Solar Challenger** war von AeroVironment gebaut worden, die auch schon das erste erfolgreiche muskelkraftbetriebene Flugzeug, **Gossamer Condor**, gebaut hatten sowie **Gossamer Albatross**, das muskelkraftbetriebene Flugzeug, das 1979 über den Ärmelkanal geflogen war.

Die Autos des Jahres 1981

Den Titel **Auto des Jahres**, eine jährlich von einer Jury aus Zeitschrif-
tenredakteuren für Europa vergebene Auszeichnung, erhielt 1981 der
Ford Escort '81 vor dem Fiat Panda und dem Austin Metro.

Der **Ford Escort '81** (Codename Erika), die dritte Generation des 1967
erstmals vorgestellten Mittelklassewagens, war der erste Escort mit dem
sogenannten Aeroheck und einem Quermotor mit Frontantrieb. Im Jahr
nach der Auszeichnung war der Ford Escort '81, der in Deutschland
und Großbritannien entwickelt worden war, in Großbritannien das
meistverkaufte Auto.

Im gleichen Jahr stellte Ford auf der Basis des Escort den **Ford Express**
vor, einen Kastenwagen, der allerdings bei Weitem nicht den Erfolg des
Escort erreichen konnte.

DeLorean DMC-12 – das heimliche Auto des Jahres

Noch nach 40 Jahren wesentlich bekannter als das „offizielle" Auto des Jahres 1981 ist ein Sportwagen, der nur in einer kleinen Serie von etwa 8.600 Stück gebaut wurde, von denen noch etwa 6.000 erhalten sind.

Der **DeLorean DMC-12** war das einzige Fahrzeugmodell des nordirischen Herstellers DMC (*DeLorean Motor Company*). Die markanten Flügeltüren in Kombination mit einer Karosserie aus gebürstetem und nicht lackiertem Edelstahl machten den Sportwagen, der im Listenpreis dem Porsche 911 kaum nachstand, einzigartig.

Zu Weihnachten 1981 ließ das Kreditkartenunternehmen American Express zwei DeLorean DMC-12 galvanisch mit 24-karätigem Gold beschichten – die einzigen Fahrzeuge der Serie, die nicht im unlackierten Edelstahl ausgeliefert wurden.

Allerdings brach der Markt für Sportwagen aufgrund der Ölkrise zusammen, und die Produktion bei DeLorean wurde schon 1982 nach 21 Monaten wieder eingestellt. Am Heiligabend 1982 wurde aus übrig gebliebenen vergoldeten Teilen der letzte DeLorean zusammengebaut.

Der wirtschaftlich nicht erfolgreiche Sportwagen wurde später durch die Science-Fiction-Trilogie **Zurück in die Zukunft** zum Kultfahrzeug. Darin wird der DeLorean als Zeitmaschine verwendet, die mithilfe eines eingebauten „Fluxkompensators" Zeitreisen in beide Richtungen möglich macht. In den folgenden Jahren tauchte der DeLorean – oft mit Bezug zu diesen Filmen – noch in diversen Fernsehproduktionen, Musikvideos und Computerspielen auf. So wird unter anderem im Spiel „Autobahn Raser II" ein DeLorean freigeschaltet, wenn man alles erreicht hat, was es zu erreichen gibt. Der DeLorean ist allen anderen Autos im Spiel deutlich überlegen. Eines der verbliebenen Serienfahrzeuge im Originalzustand ist im ebenfalls 1981 eröffneten **Technik-Museum Sinsheim** zusammen mit einem Nachbau der Zeitmaschine zu bewundern.

Der Airbag

Mercedes-Benz stellte 1981, genau 30 Jahre nach Patenterteilung, in dem S-Klasse-Modell W126 den ersten Serien-Airbag vor. Kurz danach wurde diese Technologie auch von anderen Herstellern verbaut.

Mercedes-Benz 600

Ein weiteres, oft im Fernsehen zu bewunderndes Auto war die Staatskarosse Mercedes-Benz 600, intern als **W100** bezeichnet. Am 10. Juni 1981 rollte das letzte Fahrzeug dieser teuersten Mercedes-Klasse direkt aus dem Werk Sindelfingen ins Museum. Die Mercedes-Benz-600-Serie, die von vielen Staaten der Welt für Repräsentationszwecke eingesetzt wurde, trug als Sinnbild einer Staatslimousine wesentlich zum Image des Herstellers bei, obwohl der wirtschaftliche Gewinn aus diesen Fahrzeugen wegen der aufwendigen Herstellung eher bescheiden ausfiel. Neben Staatsmännern besaßen unter anderem auch John Lennon, Udo Jürgens, Elvis Presley, David Bowie und Reinhard Mey Fahrzeuge dieser Serie. Insgesamt wurden in 17 Produktionsjahren insgesamt 2.677 Mercedes-Benz 600, weitgehend in Einzelfertigung, ausgeliefert.

Wissen für Nerds

Erste Überquerung des Pazifiks in einem Ballon

Ben Abruzzo und seine Besatzung landeten mit ihrem Ballon **Double Eagle V** am 12. November 1981 nach 9.244 km und 84 Stunden Fahrzeit (Ballone fliegen nicht) im Mendocino National Forest in Kalifornien. Diese bislang weiteste Nonstop-Fahrt mit einem Ballon startete am 9. November 1981 von Nagashima in Japan und war die erste Pazifik-überquerung. Abruzzo hielt neun Ballonweltrekorde, mehr als jeder andere Ballonfahrer, und starb später bei einem Flugzeugabsturz.

Chaos Computer Club

Der Hackerverein *Chaos Computer Club* (**CCC**) wurde am 12. September 1981 in Hamburg gegründet. Der Verein, der heute als namhafte Institution in allen Fragen der Computer-sicherheit gilt, setzt sich laut seiner Satzung für „grenzüber-schreitende Informationsfreiheit ein und beschäftigt sich mit den Auswirkungen von Technologien auf die Gesellschaft sowie das einzelne Lebewesen".

Spezialeffekt Bullet Time

Im Actionfilm „Kill and Kill Again" wurde erstmals der Spezialeffekt **Bullet Time** gezeigt: Ein fliegendes Geschoss wird bei der Aufnahme scheinbar eingefroren. Die Bilder zeigen den Flug und die Wirkung der Kugel aus wechselndem Blick-winkel. Dieser Effekt wird später durch die Filme „Blade" und „Matrix" populär.

CSNET, ein früher Vorläufer des Internets

Die National Science Foundation gründete das *Computer Science Network* (CSNET), einen Vorgän-ger des heutigen Internets.

5¼-Zoll-Festplatte

Seagate Technology lieferte die erste **Festplatte** in der noch lange verwen-deten Standardbaugröße 5¼ Zoll aus. Bei einer Speicherkapazität von 5 MB kostete sie bei Markteinführung etwa 1.700 US-Dollar.

Preise und Auszeichnungen in der Wissenschaft

Im Jahr 1981 wurden Nobelpreise in den klassischen fünf Kategorien Physik, Chemie, Medizin und Literatur sowie der Friedensnobelpreis vergeben – und außerdem der relativ junge Alfred-Nobel-Gedächtnispreis für Wirtschaftswissenschaften, der 1969 eingeführt worden war. Dieser Preis wird nicht von der Nobelstiftung, sondern von der Schwedischen Reichsbank gestiftet.

Nobelpreis für Physik

Ausgezeichnet wurden Nicolaas Bloembergen und Arthur Leonard Schawlow für ihren Beitrag zur Entwicklung der Laserspektroskopie sowie Kai Manne Börje Siegbahn für seinen Beitrag zur Entwicklung der hochauflösenden Elektronenspektroskopie.

Nobelpreis für Chemie

Ausgezeichnet wurden Fukui Ken'ichi und Roald Hoffmann für die von beiden unabhängig voneinander entwickelten Theorien zum Verlauf chemischer Reaktionen. Fukui Ken'ichi war der erste Asiate, der einen Chemie-Nobelpreis erhielt.

Nobelpreis für Medizin

Ausgezeichnet wurden Roger Wolcott Sperry für seine Forschungen über Split-Brain-Patienten sowie David Hunter Hubel und Torsten Nils Wiesel für ihre Entdeckungen über die Informationsverarbeitung im Sehwahrnehmungssystem.

Nobelpreis für Literatur

Ausgezeichnet wurde Elias Canetti für seinen Roman „Die Blendung" und sein schriftstellerisches Gesamtwerk.

Friedensnobelpreis

Der Hohe Flüchtlingskommissar der Vereinten Nationen (UNHCR) wurde 1981 nach 1954 bereits zum zweiten Mal mit dem Friedensnobelpreis ausgezeichnet.

Grace Murray Hopper Award für Dan Bricklin

Dan Bricklin erhielt im Jahr 1981 für die Erfindung der Tabellenkalkulation den „Grace Murray Hopper Award", eine wichtige Auszeichnung für Computerexperten, die zum Zeitpunkt der gewürdigten technischen Leistung nicht älter als 35 Jahre alt sind.

Sein Programm **VisiCalc** schuf die Grundlagen für heutige Tabellenkalkulationen. So wurden schon damals Spalten mit Buchstaben bezeichnet, bei A beginnend nach rechts gezählt, und Zeilen mit Zahlen, bei 1 beginnend nach unten gezählt. Jede Zelle konnte eine Zahl, einen Text oder eine Formel enthalten und wurde dazu entsprechend formatiert. Da es zu dieser Zeit noch keine Dialogfelder und nicht einmal ein Programmmenü gab, wurden Befehle mit einem Schrägstrich, gefolgt von einfachen Buchstabenkombinationen, eingegeben. Dan Bricklin bietet VisiCalc auf seiner Webseite *www.danbricklin.com* heute noch zum Download an. Es läuft direkt in einem Kommandozeilenfenster ohne grafische Oberfläche. Am besten verwendet man den Emulator DOSBox, da die Windows-Eingabeaufforderung ohne spezielle Einstellungen standardmäßig nicht mehr zu 16-Bit-COM-Dateien aus DOS-Zeiten kompatibel ist.

Tomalla-Preis

Dieser Wissenschaftspreis für Forschungen in Gravitation und Allgemeiner Relativitätstheorie wird seit 1981 alle drei Jahre – mit Ausnahmen – vergeben. Erster Preisträger war **Subrahmanyan Chandrasekhar**, der den Preis für die Berechnung der Grenzmasse für Weiße Zwerge, die später nach ihm benannte Chandrasekhar-Grenze, erhielt. Zwei Jahre später bekam er für seine Arbeiten den Nobelpreis für Physik.

Fun Facts

Gottes Schmuggler

Der niederländische **Bruder Andrew**, bürgerlich Anne van der Bijl, Missionar und Autor des Buchs „Gottes Schmuggler", ließ in einer Großaktion per Schiff 1.000.000 Bibeln in die Volksrepublik China schmuggeln.

Überfall im Postamt

Bei einem Raubüberfall auf das Hauptpostamt in Gütersloh wurden 667.000 DM erbeutet. Zwei Postbeamte wurden als Täter festgenommen.

Nilpferdplage in Kolumbien

Der Drogenhändler Pablo Escobar, der unter dem Namen **El Doctor** auftrat, ließ im Jahr 1981 vier Nilpferde in den Privatzoo auf seiner Ranch Hacienda Nápoles bei Puerto Triunfo in Kolumbien bringen. Nach dem Tod von Escobar im Jahr 1993 vermehrten sich die Flusspferde auf 50 bis 60 Individuen und verbreiteten sich entlang des Flusses Rio Magdalena. Die Polizei warnt dort heute noch vor frei laufenden Flusspferden, die die Gegend unsicher machen.

Katastrophen

Im Jahr 1981 kam es zu einigen Katastrophen, teilweise Naturkatastrophen, teilweise durch technische Fehler verursachte Katastrophen.

Denguefieber-Epidemie DENV-2 auf Kuba. Präsident Fidel Castro beschuldigte die USA, einen biologischen Krieg zu führen, da diese in den 1960er-Jahren an B-Waffen auf Basis dieses Erregers geforscht hatten.

Schweres **Zugunglück in Erfurt-Bischleben** am 11. Juni 1981. Ein Interzonenzug auf dem Weg von Düsseldorf über Bebra nach Karl-Marx-Stadt (heute Chemnitz) entgleiste bei der Durchfahrt durch den Bahnhof mit 120 km/h. Der Unfall forderte 14 Tote und 100 Verletzte. Ob die Gleisverwerfung, die die Unfallursache war, aufgrund mangelhaft ausgeführter Gleisbauarbeiten oder wegen der hohen Sonneneinstrahlung an diesem

Tag zustande kam, ließ sich später nicht mehr feststellen, da der Unfall den Oberbau und die Gleise stark beschädigt hatte.

Am selben Tag – am 11. Juni 1981 – ereignete sich im Iran ein **Erdbeben** der Stärke 6,9, das etwa 3.000 Todesopfer forderte.

Am 17. Juli 1981 stürzte im Hyatt Regency Hotel in Kansas City im vierten Stock aufgrund zuvor nicht bemerkter Baumängel eine Fußgängerbrücke ein, fiel auf eine zwei Etagen tiefer befindliche weitere Brücke und schließlich in die Lounge darunter, in der eine Tanzveranstaltung stattfand. Bei dem Unglück wurden 114 Menschen getötet und weitere 216 verletzt.

Am 21. Juli 1981 erlebte der Iran ein weiteres Erdbeben, diesmal mit einer Stärke von 7,3.

Der unter der Flagge Liberias fahrende Rohöltanker **Afran Zenith** lief am 25. Juli 1981 auf der Elbe bei Teufelsbrück auf Grund. 300 Tonnen Öl liefen in die Elbe. Die Anwohner der Hamburger Elbuferregionen wurden von der Polizei aufgefordert, keine offenen Feuer zu machen und nicht zu rauchen. Die Katastrophe, die gerade noch glimpflich ausging, führte wieder einmal zu Diskussionen über den Industriehafen mitten in der Stadt Hamburg.

Schiffsverluste

Jedes Jahr gehen der internationalen Seefahrt einige Schiffe verloren. Zwei Schiffsunglücke aus dem Jahr 1981, die beide glücklicherweise kein einziges Menschenleben kosteten, gingen durch ihre besonderen Umstände in die Geschichte ein.

Maldive Victory

Am 13. Februar 1981 lief der Frachter **Maldive Victory** mit Versorgungsgütern für die Urlaubsresorts auf den Malediven vor der Flughafeninsel Hulhulé auf ein Riff auf, nachdem er wegen überhöhter Geschwindigkeit den Hafen von Malé verfehlt hatte. Die komplette Besatzung konnte sich an Land retten.

Kurz nach dem Untergang plünderten Taucher die Ladung des Schiffs, vor allem größere Mengen alkoholischer Getränke. Heute ist das Wrack, das in ungefähr 32 m Tiefe aufrecht auf Grund liegt, ein beliebtes Tauchrevier. Von der Ladung sind nur noch Hunderte inzwischen ausgehärtete Zementsäcke übrig. Im und um das Wrack herum siedelten sich zahlreiche Tierarten an. Das Gebiet wurde deshalb zum Meeresschutzgebiet erklärt.

Dimitrios

Das ursprünglich als Klintholm in Dänemark gebaute Küstenmotorschiff **Dimitrios** fuhr unter der griechischen Flagge seines neuen Reeders im Dezember 1980 in den Hafen von Gythio auf dem südlichen Peleponnes ein. Da der Kapitän plötzlich schwer erkrankte, lag es dort einige Monate, bis die Hafenbehörde im Juni 1981 beschloss, den Liegeplatz freizugeben und das Schiff auf die Reede vor dem Hafen zu schleppen. Dort riss es sich am 23. Dezember 1981 in einem Sturm los und strandete auf dem Strand von Valtaki, wo das Wrack bis heute als beliebtes Fotomotiv dient. Gerüchten zufolge schmuggelte das Schiff Zigaretten zwischen Italien und der Türkei.

Flops des Jahres

Nicht alles, was im Jahr 1981 neu war, erwies sich langfristig als sinnvoll.

Schreibmaschine mit chinesischen Zeichen

Mit der Einführung der PCs in diesem Jahr war das Ende der Schreibmaschine besiegelt. Am 1. April 1981 stellte Wan Runnan, ein chinesischer Erfinder, auf der Hannover Messe eine serienreife Schreibmaschine mit chinesischen Schriftzeichen und einem elektronischen Speichersystem für den westlichen Markt vor. Einen passenderen Zeitpunkt hätte man kaum wählen können. Bis dahin waren chinesische Zeichen jahrtausendelang mit der Hand oder zuletzt auf einfachen mechanischen Schreibmaschinen mit stark eingeschränktem Zeichensatz geschrieben worden.

Die Jahre, in denen man in China noch mit der Schreibmaschine schrieb, waren schnell gezählt. Bereits im Jahr zuvor, 1980, war mit dem *Chinese Character Code for Information Interchange* (CCCII) ein Zeichensatz zur Codierung chinesischer Schriftzeichen in Computersystemen entwickelt worden, der schließlich im Jahr 1991 in den ersten Unicode-Standard einfloss.

Still-Video-Kamera Mavica von Sony

Noch lange vor den ersten echten Digitalkameras stellte Sony 1981 mit der Mavica eine Still-Video-Kamera vor, in der ein CCD-Sensor ein **analoges Videostandbild** aufnahm und es auf einer **Diskette** speicherte. Dazu sollte die Kamera, deren Design an der klassischen Spiegelreflexkamera angelehnt war und auch Wechselobjektive nutzen konnte, eigens entwickelte 2 Zoll große sogenannte *Video Floppies* (VF) verwenden. Die Bilder, die zwar elektronisch waren, aber analog gespeichert wurden, konnten mit einem besonderen Adapter auf Fernsehern abgespielt werden. Um sie später mit den ersten Bildbearbeitungsprogrammen auf Computern weiterzubearbeiten, mussten die Fotos erst digitalisiert werden. Hier blieb es bei Prototypen. Das Kameramodell wurde nie vermarktet. Erst 1987 brachte Sony ein Nachfolgemodell kommerziell auf den Markt.

Die letzte Dampflok der Deutschen Reichsbahn

Otto Arndt, Verkehrsminister der DDR, kündigte für das Jahr 1981 das **offizielle Ende der Normalspurdampflokomotiven** bei der Deutschen Reichsbahn an. Doch es kam nicht so weit. Die Ölkrise brachte die Dampfloks auf einigen Strecken sogar zurück in den Liniendienst, um Diesel zu sparen. Im Oktober 1987 fuhr schließlich die „offiziell letzte" Dampflok vor einem fahrplanmäßigen Reisezug. Auch im Juni und im Oktober 1988 gab es nochmals solche „offiziell letzten" Fahrten. Danach wurden die Dampfloks von der Deutschen Reichsbahn bis zur Vereinigung mit der Deutschen Bundesbahn zur Deutschen Bahn noch zum Vorheizen von Zügen verwendet. Heute fahren in Deutschland im Liniendienst nur noch Schmalspurdampflokomotiven, unter anderem auf der Rügen'schen Kleinbahn (Rasender Roland), der Bäderbahn Molli und der Harzer Schmalspurbahn auf den Brocken.

Rajneeshpuram

Am 10. Juli 1981 kaufte die Rajneesh Foundation International die Big Muddy Ranch nahe des 60-Seelen-Dorfs Antelope in Oregon (USA), auf der früher Filme mit John Wayne gedreht worden waren. Im August desselben Jahres zogen Religionsführer **Bhagwan Shree Rajneesh** und seine Partnerin **Ma Anand Sheela** mit ihren Sannyasins vom Ashram in Poona (Indien) auf die Ranch und gründeten dort die Stadt **Rajneeshpuram**, die in besten Zeiten 7.000 Einwohner zählte. Kritiker sahen in diesem Umzug der Kommune den Anfang vom Ende der Glaubensgemeinschaft – unter anderem weil die Neuankömmlinge auf deutliche

Ablehnung bei der einheimischen Bevölkerung stießen und Bhagwan selbst, wie auch viele seiner Anhänger, weder die amerikanische Staatsbürgerschaft noch eine Green Card besaßen. 1985 wurde Rajneeshpuram offiziell wieder aufgelöst, die meisten Sannyasins waren weggezogen, der kleine Ort wurde wieder in Antelope rückbenannt.

Versammlungsverbot in Brokdorf

Das wegen der Großdemonstration vom 28. Februar 1981 gegen den Bau des Kernkraftwerks Brokdorf verhängte Versammlungsverbot kostete die Demonstranten zwar einiges an Ärger, wurde aber 1985 nachträglich vom Bundesverfassungsgericht für unzulässig erklärt.

Goldene Himbeere

Dieser Preis für den schlechtesten Film, den schlechtesten Schauspieler und verschiedene andere Kategorien der Filmbranche wurde im Jahr 1981 erstmals vergeben. Erster Preisträger war der Film „Supersound und flotte Sprüche". Als schlechtester Schauspieler wurde im ersten Jahr Neil Diamond in „Der Jazz-Sänger" ausgezeichnet, als schlechteste Schauspielerin Brooke Shields in „Die blaue Lagune".

Abgerissen, aufgelöst, vorbei

Neben zahlreichen Erfindungen, Bauten und Neugründungen gab es im Jahr 1981 auch einige Einrichtungen, Firmen und sogar ganze Orte, die auf mehr oder weniger tragische Weise das Ende ihrer Zeit erreichten.

Steingrimma/Tagebau Profen

Der Ort **Steingrimma** im heutigen Sachsen-Anhalt wurde im Jahr 1981 wegen des Ausbaus des Braunkohlentagebaus Profen **devastiert**, also dem Erdboden gleichgemacht und aus dem Gemeinderegister gestrichen. Die zuletzt noch 178 Einwohner des im Jahr 1091 erstmals urkundlich erwähnten Dorfs Steingrimma wurden 1980 in die wenige Kilometer entfernte neu erbaute Plattenbausiedlung Hohenmölsen-Nord umgesiedelt. Nach Abschluss der Tagebauarbeiten im Jahr 1998 wurde das Gebiet rekultiviert und als Ackerfläche genutzt, auf der heute nichts mehr an den ehemaligen Ort Steingrimma erinnert.

Westlichster Punkt des Warschauer Pakts

Die ehemalige Gemeinde **Reinhards** mit nur 25 Einwohnern war der westlichste Punkt der DDR und gleichzeitig der westlichste Punkt des Warschauer Pakts. Im Jahr 1981 wurde Reinhards als eigenständige Gemeinde aufgelöst und in die Stadt Geisa, heute Thüringen, eingemeindet.

Bahnhof Kiel-Hassee

An diesem Bahnhof an der Strecke Kiel – Flensburg wurde 1981 nach genau 100 Jahren Betriebszeit der Personenverkehr eingestellt. Im Jahr 2007 wurde 250 m weiter der neue Bahnhof **Kiel-Hassee CITTI-PARK** mit direktem Zugang zum gleichnamigen Einkaufszentrum wieder eröffnet.

Kampnagel

Die 1865 gegründete Maschinenfabrik in **Hamburg-Winterhude** wurde 1981 vom neuen Eigentümer Demag AG aufgelöst. Seit 1982 befindet sich auf dem Gelände ein Kulturzentrum für Theater- und Performanceveranstaltungen.

Hochofenwerk Lübeck

Die **Metallhüttenwerke Lübeck AG**, einst größter Arbeitgeber der Stadt, meldeten 1981 Konkurs an. Das einzige Hochofenwerk Deutschlands nördlich des Ruhrgebiets prägte einen ganzen Stadtteil. Heute erinnert ein Industriemuseum im ehemaligen Kaufhaus der Wohnkolonie an die Industrie- und Arbeiterkultur der Region.

Seattle Computer Products

Das bekannteste Produkt dieses in Europa weitgehend unbekannten Computerherstellers war das Betriebssystem **QDOS** (*Quick and Dirty Operating System*), der Vorläufer des wesentlich bekannteren MS-DOS. Mit dem Verkauf von QDOS für 50.000 US-Dollar an Microsoft im Jahr 1981 wurde das Ende der Firma Seattle Computer Products besiegelt.

Einstein-Observatorium

Das von der NASA offiziell als **High Energy Astronomy Observatory 2** bezeichnete Weltraumteleskop stellte im April 1981 den Betrieb ein. Der 1978 gestartete Satellit HEAO-2 trug das erste Wolter-Teleskop in der Erdumlaufbahn, eine spezielle Technologie von Röntgenteleskopen mit Spiegeloptik.

Die Schweizer Zeitinsel

Das Schweizer Volk hatte 1978 in einer Volksabstimmung die für 1980 vorgesehene Einführung der europaweiten **Sommerzeit** abgelehnt. Regierung und Parlament führten sie per Gesetz zum 1. Januar 1981, faktisch erst am letzten Sonntag im März 1981, unter Missachtung des Volkswillens trotzdem ein. Bei der Einführung der Sommerzeit in der EU im Jahr 1980 hatten die Schweiz und die deutsche Enklave **Büsingen** eine andere Zeit als alle Nachbarländer, weshalb Büsingen in einigen Unix-ähnlichen Betriebssystemen immer noch als zweite Zeitzone innerhalb Deutschlands aufgelistet ist. Wer im Sommer 1980 in die Schweiz fuhr, musste die Uhr eine Stunde zurückstellen. Diese in Europa einmalige Zeitinsel endete 1981 wieder.